Nachtrag

Das

Preußische Fischereigesetz

vom 11. Mai 1916

von Amtsgerichtsrat **Görcke**

enthaltend:

Abänderung vom 16. März 1918 der Fischereiordnung vom 29. März 1917.

Ausführungsanweisung vom 16. März 1918 zum Fischereigesetz vom 11. Mai 1916.

Ministerialerlaß vom 16. März 1917, betreffend Fischereischein.

Berlin 1919.

Verlag von H. W. Müller,

SW. 68, Schützenstr. 29/30.

Nachtrag

Das

Preußische Fischereigesetz

vom 11. Mai 1916

von Amtsgerichtsrat **Görcke**

enthaltend:

Abänderung vom 16. März 1918 der Fischereiordnung vom 29. März 1917.

Ausführungsanweisung vom 16. März 1918 zum Fischereigesetz vom 11. Mai 1916.

Ministerialerlaß vom 16. März 1917, betreffend Fischereischein.

Berlin 1919.

Verlag von H. W. Müller,

SW. 68, Schützenstr. 29/30.

Druck von Dr. F. P. Datterer & Cie. (Arthur Sellier) München-Freising.

Polizeiverordnung, betreffend Abänderung der Polizeiverordnung zum Fischereigesetz (Fischereiordnung) vom 29. März 1917.

(MinBl. der K. Preuß. Landwirtschafts- und Domänen-Verw. 1918 S. 51 ff.)

Auf Grund der §§ 106, 124 des Fischereigesetzes vom 11. Mai 1916 (GS. S. 55) und der §§ 136, 140 des Gesetzes über die allgemeine Landesverwaltung vom 30. Juli 1883 (GS. S. 195) wird hierdurch für das ganze Staatsgebiet folgende Polizeiverordnung erlassen.

Die Polizeiverordnung zum Fischereigesetz (Fischereiordnung) vom 29. März 1917 wird folgendermaßen abgeändert:

1. In § 21 sind die Worte „Dabei kann der Regierungspräsident" zu streichen und dafür die Worte zu setzen:

   „Bei Seen, die im Zuge von Wasserläufen liegen, genügt jedoch die Freilassung der halben Breite des durchströmenden Gewässers. Der Regierungspräsident kann".

2. In § 24 ist hinter „Staaknetzen" einzufügen: „Stoßhamen (Steckladen)" und hinter „Treibnetzen": „Wurfnetzen".

3. § 30 erhält hinter der Klammer anstatt der Worte „müssen bis haben" die Fassung:

   „dürfen die Stäbe von Gittern einen Abstand von nicht über 2 cm, Maschen eine lichte Weite von nicht über 2 cm haben."

1*

4. In § 42 ist im vorletzten Satz hinter „Beibehaltung“ einzufügen: „neben den neuen Kennzeichen“.
5. In § 50 am Ende sind die Worte hinzuzusetzen: Auf Verlangen haben sie den Aufsichtsbeamten an Bord zu holen und wieder an Land zu bringen sowie ihm jede sonstige Hilfe zur Durchführung seiner dienstlichen Zwecke zu gewähren, namentlich auch die an Bord befindlichen Kescher zur Durchsuchung des Fischraums zur Verfügung zu stellen.
6. In § 51 ist vor dem jetzigen Inhalt als erster Satz einzufügen:

   Auf die Untersuchungen des Deutschen Seefischereivereins in Küstengewässern finden die §§ 1 bis 3, 11 bis 13, 15, 17, 19, 23, 24, 28, 29, 32, 37 keine Anwendung.
7. Die Polizeiverordnung tritt am 15. April 1918 in Kraft.

Berlin, den 16. März 1918.

Der Minister für Landwirtschaft, Domänen und Forsten.

von Eisenhart-Rothe.

Ausführungsanweisung zum Fischereigesetz.

Auf Grund des § 136 des Fischereigesetzes vom 11. Mai 1916 (GS. S. 55) wird hierdurch folgendes bestimmt.

Vorbemerkung.

Bei der Handhabung des Fischereigesetzes ist an erster Stelle die Begründung des dem Herrenhause im Jahre 1916 vorgelegten Gesetzentwurfs (Drucks. Nr. 12 des Herrenhauses Session 1916), mit dem der Inhalt des Gesetzes im wesentlichen übereinstimmt, zur Richtschnur zu nehmen. Sachliche Abweichungen enthalten nur die folgenden Gesetzesparagraphen: § 13 (Einräumung des Uferbetretungsrechts an Fischereiberechtigte nach § 20 und an Erlaubnisscheininhaber), § 29 (Festsetzung der Pachtzeit auf mindestens 12 Jahre), § 92 (Befreiung vom Fischereischein nur für Gehilfen, die mit dem Berechtigten zusammenfischen), § 96 (Beschränkung des Abs. 1 Nr. 2 auf nicht Fischereiberechtigte), § 102 (Anwendung des Abs. 1 auf Gewässer, für die das Wassergesetz nicht gilt und Polizeiverordnungsrecht für Küstengewässer), § 103 (Beschränkung des Ableitungsrechts durch Polizeiverordnung), § 105 (Einräumung des Fangrechts auch bei jagdbaren Reihern), § 106 (Anhörung von Beteiligten nach Abs. 5). Die Begründung des Gesetzentwurfs wird, abgesehen von § 105, bei dem sich die Bemerkungen hinsichtlich der Reiher erledigt haben, durch diese Änderungen nicht berührt. Dagegen trifft sie bei § 132 insofern nicht mehr zu, als die in Nr. 1 und 2 daselbst erwähnten Übereinkommen zwischen Preußen und den thüringischen Staaten usw. sowie dem Großherzogtum Hessen inzwischen durch Nachträge vom 28. April und 30. März 1917 abgeändert worden sind.

Erster Abschnitt.

§ **1.** Die genauen Grenzen zwischen den Küsten- und Binnengewässern sind in einer amtlichen Karte dargestellt, die den beteiligten Fischereiaufsichtsbehörden überwiesen wird. Offene Meeresbuchten im Sinne der Nr. 1 sind solche Buchten, die ohne dazwischen liegende Wasserläufe unmittelbar mit dem Meer in Verbindung stehen.

§§ **2, 3.** I Die neuen Vorschriften über die Bildung geschlossener Gewässer sind hauptsächlich von Bedeutung für die Seenbewirtschaftung. Sie sollen, ebenso wie die Vorschriften über die Zwangs-Anpachtungs- und Befischungsrechte der §§ 33, 34, 91, zur Förderung der Einzelwirtschaften dienen, während die §§ 66, 67 über Wirtschaftsgenossenschaften, §§ 86 bis 88 über gemeinschaftliche Fischereibezirke und § 31 über Koppelfischerei zur Hebung der gemeinsamen Fischereibetriebe bestimmt sind.

II Die Beurteilung der Frage, ob ein Gewässer nach § 3 zum geschlossenen zu erklären ist, muß sich nach der Art des betreffenden Gewässers richten. Seen, die im Zuge von Wasserläufen erster oder zweiter Ordnung liegen, können, auch abgesehen von der Rücksicht auf die Schiffahrt, für die Fischereiwirtschaft regelmäßig nicht vorbehalten werden, weil in ihnen Wanderfische (z. B. Aale, Aland, Quappen) in so großer Zahl verkehren, daß deren Ausschaltung den angrenzenden Fischereiberechtigten mehr Nachteile brächte, als der Seenbesitzer von der Seenbewirtschaftung Vorteile hätte. Die Oberlieger würden die aufwärts ziehenden Laichfische nicht mehr erhalten, während die Unterlieger der Gefahr ausgesetzt wären, daß infolge der Verhinderung des Zuges die ganze Fischart zurückginge. Daher eignen sich im allgemeinen nur Seen, durch die keine Wasserläufe hindurchgehen oder die nur von Wasserläufen dritter Ordnung durchzogen werden, wie sie vornehmlich an den Rändern der Seen- und Flußgebiete anzutreffen sind, zur Schließung. Ferner dürfen Seen, die mit anderen zusammen wirtschaftliche Einheiten bilden, nicht für sich allein zu geschlossenen erklärt werden, während andererseits für eine Schließung besonders diejenigen in Betracht kommen, deren Zu- und Abflüsse durch Stauanlagen bereits derart verbaut sind, daß ihnen keine Fische zuwandern können. Um ihren Zweck nicht zu verfehlen, wird die Schließung gleich für mehrere, und zwar mindestens 5 Jahre, bei verpachteten Gewässern für die ganze Pachtzeit, ausgesprochen werden müssen. Dabei wird aber von vornherein zu prüfen sein, ob sie nicht in jedem Jahre für einige Monate zu unterbrechen ist. Eine solche Unterbrechung erscheint notwendig, wenn etwa im Winter Wander- oder Zugfische in nennenswertem Umfang in dem zu schließenden Gewässer verkehren, weil diesen die Möglichkeit bleiben muß, durch den See durchzukommen oder ihn zur Vermeidung des Grundeises als Winteraufenthalt aufzusuchen. Hiernach werden im allgemeinen die Monate Dezember und Januar von der Sperrung auszunehmen sein. Nur in Ostpreußen wird die ununterbrochene Schließung als Regel gelten können, weil die Flüsse, welche dort durch die Seen gehen, meist klein sind und erst auf dem Umwege über die Haffe in die Ostsee einmünden, aus der nicht im entferntesten soviele Wanderfische aufsteigen wie in den der Nordsee zuströmenden großen Flüssen und ihren Nebenflüssen. Auf die Frühjahrs-Zugfische (z. B. Plötzen, Bleie) kann bei der Frage der Seensperrung keine besondere Rücksicht genommen werden, weil diese nicht im See zu laichen brauchen und erforderlichenfalls auch andere Laichplätze für sie hergestellt werden können.

III Ob eine Absperrung derart ist, daß Fische mit dem vorgeschriebenen Mindestmaß nicht wechseln können, ist nach den tatsächlichen Verhältnissen zu beurteilen. Wo Gitter und Maschen verwandt werden, dürfen sie nach § 30 FO. einen Abstand von nicht über 2 cm haben. Es genügt aber auch jede andere mechanische Absperrung z. B. durch Mühlen- und andere Wehre oder Fanggeräte. Zur Vermeidung von Verstopfungen durch Laub, Äste usw. wird die Verwendung von Winkelrechen mit Horizontalstäben und -gittern oder von Horizontalgittern je nach den Umständen für erforderlich zu erachten sein. Im Fall eines allgemeinen Bedürfnisses bleibt vorbehalten, hierüber durch eine Ergänzung des § 30 FO. im Wege der Polizeiverordnung nähere Bestimmungen zu treffen. Auch der Ort der Anbringung der Sperrvorrichtung, den der Fischereiberechtigte in seinem Gewässer an sich auswählen kann, wird zu prüfen sein, wenn dagegen Widersprüche von Beteiligten, z. B. von angrenzenden Grundbesitzern, wegen Hebung des Grundwasserstandes erhoben werden.

IV Für den Begriff des Fischteichs kommt es darauf an, ob die Hauptbestimmung eines Teichs die Fischzucht ist (vgl. OVG.Entsch. Bd. 26 S. 260). Danach sind Mühlenteiche in der Regel keine geschlossenen Gewässer. Bei der Anlegung künstlicher Fischteiche bedarf es keines Verfahrens nach § 3. Diese werden mit jeder, auch künstlicher Sperrung, von selbst geschlossene Gewässer. Im übrigen wird bei Fischteichen, die nach dem bisherigen Recht auch ohne Absperrung als geschlossene Gewässer galten, dem Eigentümer eine angemessene Übergangsfrist zur Anbringung der jetzt nötigen Sperrvorrichtungen zu gewähren sein. Dabei handelt es sich unter Umständen um kostspielige Anlagen, um die durch die Absperrung eintretende Verzögerung des Zu- und Abflusses nach Möglichkeit zu vermindern.

Als Schaden im Sinne des § 3 Abs. 2 ist die Unterbindung des Zuges derjenigen Fische (Wander-, Zugfische) anzusehen, die das zu schließende Gewässer im Winter aufsuchen müssen. Vergütet wird also nicht das Ausbleiben der Fische, die aus dem Gewässer selbst stammen und zur Ablage des Laichs in angrenzende Gewässer ziehen, ohne auf die Wanderung in diese Gewässer angewiesen zu sein (z. B. Hechte, Plötzen). Das Anrecht auf solche Fische muß allein dem zuerkannt werden, in dessen Gewässer sie groß und marktfähig geworden sind. Nur ausnahmsweise werden auch aus der Zurückbehaltung der in dem geschlossenen Gewässer aufgewachsenen Fische (Frühjahrs-Zugfische) Schadenersatzansprüche hergeleitet werden können, wenn es sehr tief ist und nicht die nötige Scharbildung zum Laichen besitzt, so daß die Fische dieserhalb zur Abwanderung gezwungen sind. Da die Fische beim Aufstieg gefangen werden, ist zunächst der Oberlieger derjenige, der Ersatzansprüche hat, weil er die geschlechtsreifen Tiere nicht mehr fangen kann. Seine Mindererträge wird er buchmäßig nachweisen müssen. Aber auch der Unterlieger kann insofern Schaden erleiden, als durch die Verhinderung des Fischwechsels nach den oberen Laichplätzen die Vermehrung der betreffenden Fischarten beeinträchtigt wird und weniger Fische demnächst zurückkehren.

Der Nachweis dieses Schadens wird oft schwer zu erbringen sein. Vielfach wird es sich nur um eine Beurteilung nach billigem Ermessen handeln können.

VI Dem Antrage nach § 3 ist ein Lageplan und ein Erläuterungsbericht beizufügen, der nähere Angaben über die Größe und die wirtschaftlichen Verhältnisse des Sees (bei Verpachtung: Pachtdauer, Pachtsumme, Mitpacht angrenzender Fischgewässer), Zu- und Abflüsse, die Fischereiberechtigungen in den Zu- und Abflüssen bis auf 5 km Entfernung, Art, Ort und Dauer der Absperrung, sowie über die in Frage kommenden Wander- und Zugfische enthalten muß. Auch hat der Antragsteller auf Verlangen des Bezirksausschusses ein Verzeichnis der ihm bekannten Personen vorzulegen, die von den Wirkungen der Schließung des Gewässers betroffen werden können. Wie die öffentliche Bekanntmachung bewirkt werden soll, bleibt dem Bezirksausschuß überlassen. Sie muß aber, schon weil der Lauf der vierwöchigen Widerspruchsfrist von ihr abhängt, mindestens in einem öffentlichen Blatt, und zwar im Hinblick auf Abs. 1 Satz 3 zweckmäßigerweise im Amtsblatt erfolgen. Daneben sollen alle bekannten Personen, die von der Schließung des Gewässers betroffen werden können, auf die Bekanntmachung hingewiesen werden. Ob statt dessen oder außerdem eine ortsübliche Bekanntmachung des Antrags angezeigt ist, hängt von den Umständen ab. Sie wird sich empfehlen, wenn eine große Zahl von Beteiligten in Betracht kommt. Vor der Entscheidung ist neben dem Fischereisachverständigen (§ 121) auch der Fischereibehörde und dem Regierungspräsidenten als solchem Gelegenheit zur Stellungnahme zu geben.

VII Hinsichtlich des Begriffs des geschlossenen Gewässers nach § 2 ist zu bemerken, daß ein Gewässer ebenso wie nach dem früheren Recht dann kein geschlossenes nach Nr. 2 ist, wenn die Fische auch nur nach einer Richtung hinauskommen können, und daß sich im allgemeinen jede Wasserverbindung für den

Zug der Fische eignet. Ferner ist Voraussetzung der Geschlossenheit, daß die Ausübung des Fischereirechts, abgesehen von Wirtschaftsgenossenschaften und gemeinschaftlichen Fischereibezirken, in der Hand eines einzigen Fischereiberechtigten, Fischereipächters oder nach § 28 Abs. 2 zur Ausübung Ermächtigten liegt, da nur diesen die Ausübung des Fischereirechts in vollem Umfange zustehen kann.

VIII Die z. Z. bestehenden Absperrungen von Gewässern sind im Hinblick auf die §§ 2, 3 auf ihre Rechtsbeständigkeit zu prüfen und gegebenenfalls nachträglich nach § 3 zu genehmigen. Über grundsätzliche Fragen ist nach Möglichkeit die Entscheidung des Landeswasseramts (§ 122) herbeizuführen.

Zweiter Abschnitt.

§ 4. I Das Hegerecht umfaßt außer dem Einsetzen von Fischbrut und der Fütterung und Schonung der Fische auch die Düngung des Gewässers, das Herausfangen der die zweckmäßige Wirtschaft störenden Fische, die Beschränkung des übermäßigen Wuchses von Gelege und Kraut, die Reinigung des Gewässers von Bülten und Dreff (Anspülung abgestorbener Pflanzen), die Schaffung von Laichstellen, die Vertilgung der Fischereischädlinge sowie Schutzmaßnahmen gegen Diebstahl und andere schädliche Einwirkungen (Uferbauten, Abwässer). Zum Gebrauch von Schießwaffen beim Fischfang ist die Genehmigung des Jagdberechtigten erforderlich (§ 368 Nr. 10 StGB.).

II Soweit der Muschelfang bisher in fiskalischen Gewässern ortsüblicherweise gestattet worden ist, soll er auch in Zukunft nicht gehindert werden.

§ 5. Für das Fischereirecht zum häuslichen Gebrauch ist wesentlich, daß der Fischereiberechtigte Fische weder verkaufen noch vertauschen noch verschenken darf. Daß unter Umständen der Bedarf für einen ganzen Hof gedeckt wird, ist nach Satz 2 nicht ausgeschlossen.

Das in die häusliche Gemeinschaft aufgenommene, im Haushalt verpflegte Gesinde ist zu den Familienangehörigen zu rechnen. Auch vorübergehend zu Besuch anwesende Verwandte gehören dazu. Neben § 5 sind die in § 133 Abs. 2 Nr. 5 bis 7 bezeichneten provinziellen Vorschriften in Geltung geblieben.

§§ **7, 8.** Außer dem Eigentum sind auch alle nach § 8 Abs. 1 aufrecht erhaltenen Fischereirechte dingliche Rechte (§ 18). Ebenso die nach dem Gesetz vom 2. September 1911 für den Staat begründeten selbständigen Fischereigerechtigkeiten, die nach § 25 FG. unberührt geblieben sind. Allen diesen Rechten stehen die obligatorischen Rechte der Pächter und Erlaubnisscheininhaber zur Ausübung der Fischerei (§ 28) und die Befugnis zum freien Fischfang (§ 6) gegenüber. Der Unterschied ist, ausgenommen bei § 109, überall im Gesetz durchgeführt.

§ **11.** I Für die Wasserläufe erster und zweiter Ordnung sind auf Grund des Wassergesetzes bereits Wasserbücher angelegt. Die Wasserläufe erster Ordnung sind durch das dem Wassergesetz als Anlage beigefügte Verzeichnis, die Wasserläufe zweiter Ordnung durch die nach den §§ 4, 5 des Wassergesetzes aufgestellten Verzeichnisse bestimmt. Für die Wasserläufe dritter Ordnung, d. h. alle nicht zur ersten oder zweiten Ordnung gehörenden Strecken von Wasserläufen, ist sowohl nach dem Wassergesetz als auch nach dem Fischereigesetz die Anlegung eines Wasserbuchs erst notwendig, wenn eine Eintragung vorzunehmen ist. Für Gewässer, die keine Wasserläufe sind, wird nach dem Wassergesetz kein Wasserbuch angelegt. Es muß aber in Zukunft für sie auf Grund des § 11 Abs. 1 Satz 2 FG. angelegt werden, wenn ein Fischereirecht nach Satz 1 daselbst einzutragen ist. Hierzu gehören alle nicht in der Beilage zu § 1 FG. aufgeführten Küstengewässer und alle Binnengewässer, die nicht in natürlichen oder künstlichen Betten beständig oder zeitweilig oberirdisch abfließen (vgl. § 196 WG.).

II Für Wasserläufe werden die Wasserbücher nach dem Muster eingerichtet, das in der Anlage zu § 2 der unter dem 29. April 1914 erlassenen IV. Ausführungsanweisung zum Wassergesetze (MBl. für Landw. 1914 S. 162) angegeben ist. Diesen Wasserbüchern ist eine neue Abteilung D anzufügen, die zur Eintragung der Fischereirechte bestimmt ist (Muster s. Anlage 1 zu a).[1])

III Die Wasserbücher für diejenigen Gewässer, die keine Wasserläufe sind, haben neben der Aufschrift nur ein Blatt aufzuweisen, das inhaltlich mit der im vorstehenden Absatz bezeichneten Abteilung D übereinstimmt. Die Aufschrift (Muster s. Anlage 1 zu b)[1]) enthält den Namen des Gewässers, und zwar unter genauer Bezeichnung des Teiles des Gewässers, für welches das Wasserbuch angelegt wird, falls das Gewässer in den Bezirken mehrerer Wasserbuchbehörden liegt. In der Aufschrift ist ferner der Bezirksausschuß, der das Wasserbuch führt, anzugeben. Im Falle des § 183 Abs. 2 des Wassergesetzes ist durch einen Zusatz auf die Übertragung der Wasserbuchführung für den Teil des Gewässers, der in einem anderen Bezirke gelegen ist, unter Angabe des die Übertragung aussprechenden Ministerialerlasses hinzuweisen. Die Überschrift lautet: Wasserbuch (Fischereibuch).

IV Eintragungsfähig sind nicht nur die vollen Fischereirechte (§ 4), sondern auch die beschränkten (§§ 5, 20) und zwar, ohne Rücksicht darauf, ob sie bereits beim Inkrafttreten des Gesetzes bestanden haben (§ 8) oder erst später entstanden sind (§§ 9, 10). Nicht eintragungsfähig sind die dem Eigentümer des Gewässers zustehenden Fischereirechte (§ 7). Auch die Befugnis zum freien Fischfang (§ 6) kann nicht ins Wasserbuch eingetragen werden. Unter den im Grundbuch eingetragenen Rechten, die nicht nach § 11 Abs. 2 erlöschen können, sind nur solche zu verstehen, die im Grundbuch des belasteten Wassergrundstücks eingetragen sind.

[1]) Seite 30.

V Im übrigen gelten die in der IV. Ausführungsanweisung zum Wassergesetz erlassenen Bestimmungen sinngemäß.

§ **12.** I Für das Fischen auf überfluteten Grundstücken kommt ein Uferbetretungsrecht nicht in Frage, weil überflutete Grundstücke nicht als Gewässer im Sinne des § 13 gelten können.

II Bei vorliegendem Bedürfnis werden über die Ausübung des Befischungsrechts durch mehrere Fischereiberechtigte allgemeine Bestimmungen nach Abs. 2 zu treffen sein.

III Die Zurücksetzung nach Abs. 4 bezieht sich nur auf die durch Mindestmaß geschützten untermaßigen Fische. Sie ist so schleunig wie möglich zu bewirken.

§ **13.** I Das Uferbetretungsrecht setzt mangels anderer betretbarer Anlagen ein Ufer voraus, woran es z. B. bei dem sog. Schar in Neuvorpommern und Rügen nach der Seeseite hin fehlt, abgesehen davon, daß das Recht nach Abs. 1 für den freien Fischfang nicht besteht. Es ist ferner auf die Ausübung des Fischereirechts beschränkt, daher nicht für § 105 oder den Fall, daß jemand nach § 109 zu seinem Fischgewässer gelangen will, gegeben. Zu den betretbaren Anlagen gehören nicht solche Wehre und sonstige Wasserbauwerke, die nicht zum Betreten eingerichtet sind, wie z. B. Stauvorrichtungen, die zur Regelung des Wasserabflusses dienen. Fremde Flöße dürfen überhaupt nicht betreten werden. Fischereiberechtigte, angestellte Fischer und gegebenenfalls sonstige Inhaber von Erlaubnisscheinen müssen sich dem Eigentümer gegenüber über die ihnen erteilte Ermächtigung, namentlich auch zum Betreten der betreffenden Strecke eines Ufers, ausweisen können.

II Verbote nach § 13 Abs. 3, betreffend das Betreten von Schiffahrtsanlagen, Wasserbauwerken und Anlandungen, bleiben, auch wenn sie vor Inkrafttreten des Fischereigesetzes erlassen sind, in Geltung.

III Nach § 13 Abs. 4 braucht das Ufer selbst nicht eingefriedigt zu sein; insoweit vertritt das Wasser die Stelle der Einfriedigung.

§ **15.** Die Anmeldung des Schadens nach Abs. 2 hat bei der für den Ort der Schädigung zuständigen Behörde zu erfolgen.

§ **17.** Neue Fischereirechte sind solche, die das Gewässer bisher nicht belasteten. Unwesentliche Veränderungen, die den Gesamtinhalt eines Fischereirechts nicht berühren und jedenfalls dem Fischereiberechtigten nicht mehr Befugnisse geben, als er bisher hatte, z. B. die Ersetzung unzeitgemäßer Fanggeräte durch andere, sind als Neubelastung nicht anzusehen.

§ **19.** I Die Vorschrift betrifft die dauernde Übertragung des dinglichen Rechts (§ 18) auf einen neuen Berechtigten, nicht aber die Begründung eines neuen Fischereirechts im Sinne des § 17.

II Das Recht, auf überschwemmten Wiesen zu fischen, ist nach § 12 an sich mit dem Fischereirecht verbunden. Die Erwähnung im Abs. 3 hat daher nur für den Fall des § 16 praktische Bedeutung.

§ **20.** Beschränkte Fischereirechte kommen u. a. vor als Krebs-, Lachs-, Aalfischerei (Aalfänge, -körbe, -speere, -hamen), Wehre, Reusenfischerei, Rechte zum Gebrauch von Stoßhamen, Streichwaden (Steckladen), Wurfnetzen sowie zum Angeln.

Dritter Abschnitt.

§§ **28, 29.** I Soll einem andern die Ausübung des Fischereirechts nur für eine bestimmte Fischart (z. B. den Krebs) oder einzelne der in § 4 aufgeführten Fischarten übertragen werden, so kann dies nur in der Form der Erteilung eines Erlaubnisscheins geschehen, wenn sich der Fischereiberechtigte die Fischerei im übrigen selbst vorbehält. Eine Teilverpachtung ist im Gesetze nicht vorgesehen. Sie hätte eine besondere Regelung der Rechtstellung des Teilpächters bedingt, für die kein genügendes praktisches Bedürfnis vorlag. Will der Fischereiberechtigte daneben auch die übrige Fischerei einem andern übertragen, so kann er mehrere nach außen gleichberechtigte Pächter bestellen und es diesen überlassen, ihre Befugnisse gegeneinander abzugrenzen.

II Die Zulassung von Ausnahmen von der Mindestpachtdauer nach § 29 Abs. 1 rechtfertigt sich z. B. bei Forellengewässern, die nicht zum Lebensunterhalt, sondern als Sport verpachtet werden und deren Pächter einem häufigeren Ortswechsel unterworfen sind. Die nach Abs. 2 nötigen Feststellungen sind sogleich zu treffen. Die Bestimmung kann auch von Bedingungen abhängig gemacht werden. Die festgesetzte Pächterzahl gilt, ebenso wie die Mindestpachtdauer, zugleich für die Unterpacht. An einen Verein als solchen kann nur verpachtet werden, wenn er nicht mehr Mitglieder zählt, als Pächter zulässig sind.

III Eine dem § 84 der Jagdordnung entsprechende Vorschrift hinsichtlich der bestehenden Fischereipachtverträge ist mit Absicht nicht in das Gesetz aufgenommen worden. Bei § 29 Abs. 1, 2 liegt es in der Hand der Beschlußbehörden, Härten zu vermeiden, während der Pächter im Fall des Abs. 3 keine Rücksicht verdient, wenn der Regierungspräsident die nachträgliche Genehmigung seines Vertrags verweigert. Auf mündlich geschlossene Pachtverträge sind Fischereischeine nach § 96 Abs. 1 Nr. 1 nicht zu erteilen.

IV Ein Muster für einen Fischereipachtvertrag wird z. Z. von einer Kommission des Deutschen Fischereivereins bearbeitet. Amtliche Stellungnahme dazu bleibt bis zur Beendigung der Arbeit vorbehalten.

§ 31. I Juristische Personen müssen ihre Fischereirechte entweder verpachten oder Erlaubnisscheine zur Fischerei ausgeben. Hinsichtlich der zulässigen Zahl der Pächter gilt § 29 Abs. 2.

II Die Vorschriften in Abs. 2 und 3 sind anzuwenden, wenn die Bildung von Genossenschaften oder gemeinschaftlichen Fischereibezirken wegen der nur örtlichen Bedeutung der Fischerei nicht angezeigt erscheint.

§ 33. I Welche gemeinschaftlichen Maßnahmen nach Abs. 1 notwendig sind, bestimmt der Bezirksausschuß (Abs. 5). Abgesehen von Verwaltungsmaßnahmen (Beschaffung von Netzen und Geräten, Abfischung, Zurücksetzung untermaßiger oder zur Schonzeit gefangener Fische in den Hauptwasserlauf, Verwertung der Fische, Verpachtung), ist namentlich das Hegerecht nach § 4 gemeinschaftlich auszuüben. Ferner wird dem Fischereiberechtigten in der Abzweigung die Verpflichtung aufzuerlegen sein, von einer beabsichtigten Stauung oder Ablassung des Wassers den Fischereiberechtigten im Hauptwasserlauf (wie in § 31 FO.) zu benachrichtigen.

II Die zu zahlende Geldrente wird mangels zuverlässiger Unterlagen nur nach billigem Ermessen festgesetzt werden können.

III Durch § 33 wird die Frage, wem das Fischereirecht in Abzweigungen, namentlich in den Mühlgräben, zusteht, nicht berührt. Hierfür sind die Rechtsverhältnisse maßgebend, die bei Inkrafttreten des Fischereigesetzes bestanden haben und worüber zahlreiche gerichtliche Entscheidungen vorhanden sind. Danach nehmen Mühlgräben unter Umständen auch dann, wenn sie im Eigentum des Mühlenbesitzers stehen, an den Rechtsverhältnissen des Hauptwasserlaufs teil. Die Frage kann aber nur nach den Verhältnissen eines jeden Falles beurteilt werden.

§ 35. I Der Abs. 2 bezieht sich nur auf Fanggeräte. Sperrnetze bei Fischzügen mit dem Zugnetze fallen unter Abs. 1. Während der Dauer eines Fischzugs ist ihre Verwendung allgemein zu gestatten.

II Ständige Fischereivorrichtungen können entweder in Anlehnung an ein Ufer angebracht werden oder auf beiden Ufern (z. B. bei Abflüssen von Seen), wobei die Mitte des Gewässers freibleibt. Zur Vermeidung einer Beeinträchtigung des Fischwechsels werden sie im allgemeinen nicht unter einer Entfernung ihrer doppelten oder dreifachen Länge angelegt werden dürfen.

III Zu § 35 Abs. 2 sind durch die §§ 20, 22 FO. nähere Bestimmungen getroffen. Ferner sind die Vorschriften über die ständigen Fischereivorrichtungen durch § 21 FO. im wesentlichen auf andere stilliegende Fanggeräte ausgedehnt worden.

Vierter und fünfter Abschnitt.
Allgemeine Bemerkungen.

I Die §§ 66, 67 über Wirtschaftsgenossenschaften und die §§ 86 bis 88 über gemeinschaftliche Fischereibezirke sind die vom Standpunkte der Fischereiwirtschaft wichtigsten Gesetzesvorschriften. Wo die Fischerei zersplittert ist, haben die Fischereibehörden, namentlich auch die nebenamtlich bestellten Oberfischmeister, überall auf die Bildung von Wirtschaftsgenossenschaften (§ 69 Abs. 2) und gemeinschaftlichen Fischereibezirken hinzuwirken. Der Umfang des gemeinsamen Wirtschaftsgebiets wird sich nach der Natur des Gewässers und den örtlichen und Besitz-Verhältnissen zu richten haben. Dabei ist zu beachten, daß die in jedem großen Wasserlauf vorhandenen verschiedenen Regionen (Forellen-, Äschen-, Barben-, Bleiregion, Brackwasser) jede für sich ein mehr oder weniger abgeschlossenes Gebiet bilden. Im allgemeinen ist das Wirtschaftsgebiet tunlich weit zu fassen und, wenn möglich, auf ganze Flußsysteme (aber nicht verschiedene Flußgebiete) zu erstrecken.

II In das gemeinsame Wirtschaftsgebiet einer Wirtschaftsgenossenschaft oder eines gemeinschaftlichen Fischereibezirkes können auch Küstengewässer, an denen Fischereirechte bestehen, einbezogen werden. Ebenso ist die Einbeziehung von Koppelfischereigebieten zulässig. Teichwirte können nicht mit ihren geschlossenen Teichen, sondern nur insoweit herangezogen werden, als sie zugleich in einem offenen Gewässer fischereiberechtigt sind.

III Das Verhältnis der Genossenschaften und Fischereibezirke zueinander wird durch § 36 Abs. 2 und § 86 geregelt. Danach können Fischereibezirke als solche in Genossenschaften einbezogen werden. Es wird sich deshalb zur Erleichterung des Verfahrens in vielen Fällen empfehlen, zunächst Fischereibezirke zu bilden und diese später zu Wirtschaftsgenossenschaften zu vereinigen. Abgesehen von den sich hieraus ergebenden Verwaltungsbeschränkungen wird die besondere Stellung der Fischereibezirke dadurch nicht berührt. Die Verteilung der Fischereierträge erfolgt dann in gemeinschaftlichen Fischereibezirken in der Weise, daß der Fischereibezirk als Mitglied der Genossenschaft den auf ihn entfallenden Anteil erhält und diesen nach § 87 Abs. 6 unterverteilt. Wirtschaftsgenossenschaften als solche in gemeinschaftliche Fischereibezirke einzubeziehen, ist nach der Fassung des § 86 Abs. 1 Satz 1 nicht möglich.

IV Die §§ 69 bis 85 lehnen sich eng an die entsprechenden Vorschriften des Wassergesetzes über Wassergenossenschaften an. Die zum Wassergesetz erlassene V. Ausführungsanweisung vom 24. April 1914 (MBl. für Landw. 1914 S. 174) ist daher sinngemäß zu beachten. Die Aufstellung von Mustersatzungen für Fischereigenossenschaften bleibt vorbehalten.

§ **36.** I Als Zweck einer Wirtschaftsgenossenschaft ist neben der gemeinschaftlichen Bewirtschaftung und Nutzung der Fischgewässer auch die Fangverwertung zugelassen. Genossenschaften mit dem ausschließlichen Zwecke der Fangverwertung können dagegen nicht auf Grund des Fischereigesetzes als öffentlichrechtliche Körperschaften, sondern nur als privatrechtliche Vereinigungen nach dem Reichsgenossenschaftsgesetz gebildet werden.

II Genossen können nur die Fischereiberechtigten selbst sein, nicht auch Pächter eines Fischgewässers. Die Pächter sollen aber bei Bildung einer Genossenschaft gehört werden (§ 70 Abs. 3).

III Nach § 210 des Wassergesetzes dürfen Fischereigenossenschaften einer Wassergenossenschaft als Genossen angehören, z. B. einer Genossenschaft zur Reinhaltung eines Gewässers oder zum Ausbau eines Wasserlaufs.

§ **70.** Als Kommissar zur Leitung des Verfahrens ist ein dem Regierungspräsidenten unterstellter Beamter zu ernennen. Mit Zustimmung der Generalkommission kann der Regierungspräsident auch einen Spezialkommissar zum Kommissar bestellen. Dem Kommissar ist unter Umständen ein mit den in Betracht kommenden Fischereiverhältnissen vertrauter sachverständiger Berater beizugeben, der auch bei den nach § 80 zu treffenden Entscheidungen zu hören ist (§ 121). Zur Beschaffung der für das Verfahren erforderlichen Unterlagen ist nötigenfalls die Mitwirkung der Katasterämter, Meliorationsbaubeamten und Kreiswiesenbaumeister in Anspruch zu nehmen.

§ **71.** I Auch in den Fällen, in denen ein Zwang gegen die Mehrheit zulässig ist, also bei Schutzgenossenschaften (§ 65) und bei Wirtschaftsgenossenschaften, bei denen die Voraussetzungen des § 67 vorliegen, hat der Kommissar zunächst den Versuch zu machen, die Bildung der Genossenschaft mit Zustimmung aller oder wenigstens der Mehrheit der Beteiligten herbeizuführen. Gelingt das nicht und muß Zwang gegen die Mehrheit angewendet werden, so sind die Beteiligten nur über die Satzung zu hören (§ 75), ohne daß sie darüber abstimmen, während der Regierungspräsident die Satzung zu erlassen hat (§ 80 Abs. 5).

II Der Wert der Fischereiberechtigungen braucht für die Abstimmung über die Genossenschaftsbildung nur dann besonders festgestellt zu werden, wenn die dafür stimmenden Berechtigten nach der Kopfzahl in der Minderheit bleiben und deshalb ermittelt werden muß, ob sie dem Werte der Berechtigungen nach die Mehrheit bilden. Hinsichtlich der Wertsermittlungen überhaupt ist darauf hinzuweisen, daß von einigen Landschaften (z. B. in Ostpreußen und Sachsen) allgemeine Grundsätze zur Abschätzung von Wassergrundstücken aufgestellt sind, die auch für § 87 Abs. 6 Bedeutung haben.

§ 80. I Der Bezirksausschuß hat nicht nur über das Vorhandensein der Voraussetzungen des § 66 Abs. 2, sondern in erster Linie auch des § 66 Abs. 1 zu beschließen.

II Im Falle des § 80 Abs. 2 ist stets ein Beschluß des Bezirksausschusses erforderlich, auch wenn kein Streit über die Voraussetzungen des Beitrittszwanges besteht, während in den Fällen des Abs. 1 und 3 der Bezirksausschuß nur bei Streit zu beschließen hat.

§ 86. Beteiligter ist jeder, der von der Erhaltung oder Vermehrung des Fischbestandes oder von der vollen wirtschaftlichen Ausnutzung des Gewässers Vorteile zu erwarten hat.

§ 87. Für die Verwaltung der gemeinschaftlichen Fischereibezirke empfiehlt sich zur möglichsten Steigerung der Erträge die Verpachtung der Fischerei, soweit dem Gemeindevorsteher kein geeigneter Sachverständiger für den Fischereibetrieb zur Verfügung steht.

§ 89. Ausnahmen von der Regel des Abs. 1 werden zuzulassen sein, wo nach dem bisherigen Recht (vgl. § 131) selbständige Fischereibezirke auch in den Fällen des Abs. 2 gebildet werden konnten.

§ 91. Das Anpachtungsrecht geht insofern über § 33 hinaus, als es nicht auf Abzweigungen beschränkt ist.

Sechster Abschnitt.

§§ 92 bis 97. Das Verfahren bei der Erteilung der Fischereischeine ist durch besonderen Ministerialerlaß vom 16. März 1917 I B II b 916 geregelt.[1]) Dazu wird ergänzend bestimmt, daß die Fischereischeininhaber tunlich in jedem Jahr dieselbe Nummer erhalten.

§ 98. I Ob ein praktisches Bedürfnis hervortreten wird, ein einheitliches Muster für den Fischereierlaubnisschein vorzuschreiben, bleibt abzuwarten. Wo es bisher üblich war, in Erlaubnisscheinen neben dem Inhaber

[1]) Siehe S. 41.

einen ständigen Vertreter für ihn namhaft zu machen, besteht kein Bedenken, dies beizubehalten. Es ist aber darauf zu achten, daß die Bestimmungen über die zulässige Höchstzahl der Erlaubnisscheine (Abs. 7) dadurch nicht umgangen werden.

II Die zur Ausstellung oder Beglaubigung von Erlaubnisscheinen nach Abs. 8 zuständigen Stellen haben den Fischereibehörden, in deren Bezirk der Antragsteller fischen will, die Namen der Erlaubnisscheininhaber und die etwaigen Bedingungen der Erlaubnis mitzuteilen.

Siebenter Abschnitt.

§ 99. I Die Kennzeichnung der Fischerzeuge ist durch die §§ 41 bis 43 FO. näher geregelt. Fischerfahrzeuge sind nicht nur die Fahrzeuge der Berufsfischer, sondern alle Fahrzeuge, von denen aus Fischfang betrieben wird. Jedoch sind Fahrzeuge, die einem besonderen Zwecke dienen, wie Sportfahrzeuge (Motorboote, Rennjachten) und Tourenboote, nicht schon deshalb als Fischerfahrzeuge anzusehen, weil sie gelegentlich einmal zum Angeln benutzt werden. Zur Kennzeichnung der Fanggeräte genügt für mehrere untereinander in Verbindung stehende Geräte, wie Netzreihen, Aalschnüre, Aal-, Dorsch-, Schellfischangeln (Langleinen) eine Tafel an dem ersten und letzten Gerät oder, wenn diese durch Bojen oder Baken bezeichnet sind, an der ersten und letzten Boje oder Bake, bei Aalkörben je eine Tafel an den beiden Endpfählen oder Endkörben, bei Herings- und sonstigen Garnreusen mit Flügeln (Aalwehren, Fischsäcken), Fischbuhnen (Garden, Argen) und ähnlichen großen Geräten eine einzige Tafel am Endpfahl.

II Die besonderen Vorschriften über die Kennzeichnung der Fischerfahrzeuge in der Nordsee außerhalb der Küstengewässer gelten für die betreffenden Fahrzeuge auch während ihres Aufenthalts in den Teilen der Nordsee, auf die sich die preußische Staatshoheit erstreckt. Hiervon abgesehen erhalten alle Fischerfahrzeuge, deren Inhaber keinen Fischereischein zu besitzen brauchen, von dem Oberfischmeister Erkennungsnummern. Abweichende Bestimmungen früherer Polizeiverordnungen sind als aufgehoben zu betrachten. Über die Erteilung der Erkennungsnummern, die fortlaufend in eine Liste einzutragen sind, ist den Beteiligten eine Bescheinigung auszustellen. Die Bestimmungen über die Kennzeichnung der Fischerfahrzeuge gelten auch neben den noch üblichen örtlichen Kennzeichen, deren Beibehaltung der Regierungspräsident vorschreiben kann.

Achter Abschnitt.

§ **101.** Um ein Eindringen der Fische in die Turbinen zu verhindern, sind in der Regel Schutzgitter notwendig, deren Stäbe im Durchschnitt rechtwinklig sein und eine Stärke von mindestens 40/7 mm haben müssen. Die Stäbe müssen mindestens in einem Abstande von 75 cm durch Querriegel verbunden sein und ihr Abstand voneinander darf nicht über 2 cm (vgl. § 30 FO.) betragen. Ausnahmsweise werden auch andere zweckdienliche Einrichtungen genügen.

§ **103.** Die Ableitung von Fischgewässern ist durch § 31 FO. geregelt. Darunter fällt auch die Ableitung von Wasser zu Berieselungen. Wenn die örtliche Fischereibehörde ausnahmsweise die Ableitung vor Ablauf der 3 Tage gestattet, hat sie den Fischereiberechtigten zu benachrichtigen. Bei den Forellenbächen ist darauf hinzuwirken, daß sie nur in der Zeit vom 1. Mai bis 30. September abgeleitet werden. Für den Fall des Bedürfnisses bleibt eine Bestimmung hierüber durch Polizeiverordnung vorbehalten.

§§ **106, 107.** [1] Durch die in der Fischereiordnung zusammengefaßten polizeilichen Vorschriften sind die Mindestmaße der Fische neu bestimmt, zum Teil, namentlich für Lachs, Blei, Bachforelle, Schlei und Flußkrebs, herabgesetzt (§ 1 FO.). Das Mindestmaß von 18 cm für Scholle und Flunder gilt auch für die Flunder (d. h. den Butt) der Nordsee. Die Möglichkeit der Herabsetzung des Mindestmaßes für den Aal (§ 3 FO.) ist im Hinblick auf die Elbe vorgesehen, wo überwiegend männliche Aale mit geringem Wachstum sind und auch die Besatzaale gefangen werden. Der Herabsetzung einiger Mindestmaße steht die schärfere Durchführung des Marktverbots nach § 107 FG. und die Zulässigkeit von Versendungsverboten (§ 33 FO.) gegenüber. Das Anlande- und Aufbewahrungsverbot (§ 10 FO.) findet sich bereits im schwedisch-dänischen Fischereiabkommen (Mitteilungen des Deutschen Seefischereivereins vom April 1908 XXIV. Jahrgang S. 250) und im dänischen Seefischereigesetz vom 2. Juni 1917 (a. a. O. XXXIII. Jahrgang S. 312). Danach können die Fischereibeamten in jedem Fall einschreiten, wenn die Fänge jemandem zur demnächstigen Beförderung oder zum Feilbieten übergeben werden. Die Bestimmung über die Verwendung untermaßiger Fische zu gemeinnützigen Zwecken wird vom Oberfischmeister nicht für jeden Einzelfall, sondern entsprechend den örtlichen Verhältnissen nach Anhörung beteiligter Fischer ein für allemal zu treffen sein. Der Ortspolizeibehörde ist davon Mitteilung zu machen. Abbildungen der durch Mindestmaß geschützten Fischarten in der Reihenfolge der Fischereiordnung sind in einem Anhang enthalten.

II Durch die neuen Schonvorschriften ist die Möglichkeit zur Einführung beweglicher Artenschonzeiten (§§ 13, 14, 17 FO.) gegeben. Im übrigen enthalten sie erhebliche Erleichterungen gegen das bisherige Recht. Am Sonntag (§ 11 FO.) ist das Angeln freigegeben, wozu außer dem Fischfang mit der Handangel auch die Verwendung von Schleppangeln, Spinnangeln, Legeangeln, Grundangeln und Puppen gehört. Ferner beschränkt sich die Sonntagsschonzeit auf den Fischfang (d. h. auch die Aufnahme der stillen Geräte), während die Fischer nach 9 Uhr mit ihren Geräten noch nach Hause fahren können. In der Frühjahrsschonzeit ist die stille Fischerei (d. h. außer den in § 11 Satz 3 FO. erwähnten Geräten auch der Gebrauch der Legeangeln, Grundangeln und Puppen, nicht aber der Schleppangeln und Spinnangeln) sowie die Fischerei mit der Handangel allgemein gestattet. Weitere Ausnahmen z. B. zum Fang von Köderfischen mit Zugnetzen sind auf Grund von § 18 FO. zulässig. Fischarten, die plötzlich in großeren Zügen zu erscheinen und rasch wieder zu verschwinden pflegen (Stint, Maifisch, Aland, Blei und Karpfen), können wie bisher vorübergehend von der Frühjahrsschonzeit ausgenommen werden. Die Frühjahrsschonzeit gilt nach § 15 FO. nicht für die Tiefen der Haffe, weil sich dort keine Frühjahrslaicher fortpflanzen. Soweit in Küstengewässern der Fischfang ganz verboten ist, erstreckt sich das Verbot auch auf den Aal, der dort bis zum Eintritt der Geschlechtsreife bleibt. Über den Zeitpunkt für den Beginn der Winter- und Frühjahrsschonzeit kann erst zwei bis drei Wochen vor dem Laichen der Fische endgültig entschieden werden. Vorher sind praktische Fischer zu hören (§ 52 FO.). Die Festsetzungen sind mindestens eine Woche vor ihrem Inkrafttreten im Amtsblatt und möglichst auch durch Mitteilung an Kreis-, Orts- und Fachblätter öffentlich bekannt zu machen.

III Bei den Fanggeräten ist die wesentlichste Erleichterung gegen das bisherige Recht der Wegfall der Maschenweite für Reusen (also auch für Garnreusen). Auch sind die allein berechtigten Fischer in Seen sowie die Genossenschaftsbetriebe und Fischereibezirke von den Bestimmungen über Maschenweite befreit worden (§ 24 FO.). Für geschlossene Gewässer gelten die Vorschriften über Fanggeräte ebensowenig wie die über Schonzeiten und die Kennzeichnung der Fischerzeuge (§ 106 Abs. 4 FG.). Die Zegenschonzeit (§ 27 FO.) erstreckt sich im Gegensatz zum Ankerkuilenverbot (§ 26 FO.) nicht auf die Altwässer des Rheins. Von den gebräuchlichen Fanggeräten sind in den einzelnen Regierungsbezirken amtliche Zusammenstellungen anzufertigen.

IV Auf die Verhütung von Kabelbeschädigungen durch die Fischerei (§§ 45 bis 47 FO.) ist besonders zu achten. Um die Kabel auch auf solchen Gewässerstrecken, auf denen keine Bezeichnung des Kabelverlaufs vorhanden ist, gegen die am häufigsten vorkommenden Beschädigungen durch Grundschleppnetze wirksam zu schützen, sind alle über den Grund zu schleppenden Fanggeräte (Scherbretter, Netzbäume u. dgl.) allgemein so einzurichten und dauernd sorgfältig so zu unterhalten, daß bei ihrer Benutzung Kabel nicht erfaßt oder beschädigt werden können. Anhaltspunkte für eine den Anforderungen des Kabelschutzes entsprechende Bauart der Scherbretter enthalten die Regeln, die in der Anweisung des Reichs-Postamts vom September 1917 zum Schutz der Unterwasser-Telegraphen- und Fernsprechkabel gegen Gefährdung durch Schiffahrt und Fischerei zusammengestellt und in Fischereikreisen bekannt gemacht sind. Die Beobachtung dieser Regeln ist für die Fischer schon zur Vermeidung von Schadenersatz und strafrechtlicher Verfolgung geboten. Bei Nichtbeachtung würde außerdem die Notwendigkeit eintreten, für die Einrichtung der Scherbretter eine bestimmte Form durch Polizeiverordnung vorzuschreiben.

V Bevor ausländische Fische in offenen Gewässern neu ausgesetzt werden, ist ein Gutachten des staatlichen Instituts für Binnenfischerei in Friedrichshagen bei Berlin einzuholen.

§ **109.** Nach der Absicht des Gesetzes soll das Recht zum Mitführen von Fischereigeräten nicht nur dem Fischereiberechtigten, sondern jedem zur Ausübung der Fischerei Befugten, also auch dem Fischereipächter und Erlaubnisscheininhaber zustehen (vgl. Verhandlungen des Herrenhauses, Vierte Sitzung vom 25. Februar 1916, S. 58).

§§ **110** bis **114.** I Die vor Inkrafttreten des Fischereigesetzes eingerichteten Schonbezirke sind auf ihre Notwendigkeit überhaupt und auf ihren Umfang nachzuprüfen und nur da beizubehalten, wo erhebliche Fischereiinteressen vorliegen, zu deren Schutz die Bestimmungen der Fischereiordnung nicht ausreichen.

II In den zurzeit bestehenden Laichschonbezirken soll die der Fortpflanzung der Fische ungefährliche stille Fischerei auf nicht laichende Fische, soweit sie nicht nach § 112 in einzelnen Regierungsbezirken schon allgemein freigegeben ist, allmählich in erweitertem Umfange bis zur völligen Freigabe gestattet werden. In Laichschonbezirken, die neu eingerichtet werden, ist sie ohne weiteres zulässig.

III Über die Frage, ob auch andere als die in § 113 Abs. 1 bezeichneten Gewässerstrecken zu Schonbezirken zu erklären sind, und über die für die entzogene Nutzung dem Berechtigten nach Abs. 2 zu gewährende Entschädigung ist ein Fischereisachverständiger zu hören. Bei Streit kann über die Höhe der Entschädigung nur im Rechtsweg entschieden werden.

IV Die nach § 110 Abs. 2 zu erlassenden Bekanntmachungen sind im Amtsblatt zu veröffentlichen. Außerdem wird häufig eine ortsübliche Bekanntmachung in denjenigen Gemeinden zweckmäßig sein, in deren Gebiet der Schonbezirk liegt.

§§ 115 bis 118. I Der Fischweg muß während der Zeit offengehalten werden, in der die Fische, für die er bestimmt ist, wandern (§ 117). Eine dauernde Offenhaltung ist nach der Absicht des Gesetzes nicht zulässig.

II Die Vorschriften gelten auch für bestehende Fischwege.

Neunter Abschnitt.

§§ 119 bis 123. I Von den Aufsichtsbefugnissen der Ortspolizeibehörden werden nach § 119 Abs. 2 die folgenden auf die Oberfischmeister übertragen:

a) die vorläufige Regelung der Fischereiverhältnisse bei Veränderungen von Wasserläufen (§ 10 Abs. 5);

b) die Zurücksetzung untermaßiger Fische von überfluteten Grundstücken in das Fischgewässer (§ 12 Abs. 4);

c) die Bestimmung über das Fischereirecht bei einer Teilung von Fischereigrundstücken (§ 23);
d) der Antrag auf Festsetzung einer Höchstzahl von Pächtern für ein Fischgewässer (§ 29 Abs. 2);
e) die vorläufige Regelung der Fischereiverhältnisse während eines Verwaltungsstreitverfahrens über die Gültigkeit eines Pachtvertrags (§ 29 Abs. 4);
f) der Antrag auf Beseitigung der Koppelfischerei (§ 31 Abs. 2);
g) der Antrag auf Bildung eines gemeinschaftlichen Fischereibezirkes (§§ 86, 88);
h) die Bestimmung über die Verwendung untermaßiger Fische zu gemeinnützigen Zwecken (§ 10 FO.).

II Der Fischereiaufsicht des Regierungspräsidenten in Königsberg unterstehen

A. folgende zum Regierungsbezirk Danzig gehörige Gewässer:
   a) der westpreußische Teil des Frischen Haffs;
   b) die angrenzenden Nogatmündungen bis zu einer geraden Linie, die vom Kirchturm zu Jungfer auf den Endpunkt des Längsgestelles zwischen Jagen 3 und 4 (Revieranwachs der fiskalischen Nogathaffkämpe), von dort zum Schnittpunkt des in Jagen 7 zwischen Schlag g und i liegenden Quergestells (Revier Fischerhaken der fiskalischen Nogathaffkämpe) mit der Zährtenrinne und von dort zu einem dreihundert Meter südlich des alten Leuchtturms auf der Mole des Elbings gelegenen Punkte läuft;
   c) der Elbingfluß vom Ostloch ab stromabwärts;
   d) gegenüber den Weichselmündungen, namentlich der Königsberger und Elbinger Weichsel reicht die Zuständigkeit des Regierungspräsidenten in Königsberg nur bis zu den natürlichen Ausmündungen ins Haff.

B. die zum Regierungsbezirk Gumbinnen gehörigen Teile des Kurischen Haffs, mit Ausnahme des

Knauphaffs, dessen haffseitige Grenze durch eine gerade Linie von dem Molenkopf der Atmatmündung nach dem Windenburger Leuchtturm gebildet wird.

III Der Leiter des staatlichen Instituts für Binnenfischerei in Friedrichshagen bei Berlin ist als Beauftragter des Ministers für Landwirtschaft zur Anstellung amtlicher Untersuchungen in den Fischgewässern und zur Wahrnehmung fischereipolizeilicher Aufsichtsbefugnisse ermächtigt. Fischereibeamte und amtlich verpflichtete Aufseher haben gegebenenfalls seine Weisungen zu befolgen.

IV Den Fischereibeamten der Küstengewässer wird nach § 119 Abs. 4 die Befugnis übertragen, die Befolgung der Vorschriften des § 107 auch außerhalb ihres Dienstbezirks und auf dem Lande zu überwachen.

V Oberfischmeister, Fischmeister und Fischereiaufseher führen im äußeren Dienst, wenn sie nicht die vorgeschriebene Uniform tragen, ein ihr Amt bezeichnendes metallenes Schild bei sich. Amtlich verpflichtete Aufseher tragen die Dienstmütze und ein Metallschild mit der Bezeichnung: Fischereiaufseher. Nach den für die Flaggenführung geltenden allgemeinen Vorschriften vom 24. Januar 1894 (MVBl. 1895 S. 15/16) führen die staatlichen Fischereifahrzeuge in Küstengewässern: die Reichsdienstflagge der Kaiserlichen Marine mit dem heraldischen preußischen Adler auf einem weißen Felde des schwarzen Streifens und das Abzeichen F. A. in roten Buchstaben zu beiden Seiten des Ankers; in Binnengewässern: die preußische Kriegsflagge mit einem gelben Anker und dem Abzeichen F. A. zu dessen beiden Seiten in der unteren Ecke am Flaggenstock. Die Fahrzeuge der Oberfischmeister führen neben der Flagge noch einen dreieckigen weißen Stander mit den roten Buchstaben F. A. am Masttop. Bei Nacht tritt an die Stelle der Flagge eine rote Signallaterne.

VI Als Fischereisachverständige kommen nach § 121, je nach den Fragen, die zu beurteilen sind, in der

Regel Fischereibiologen und praktische Fischer in Betracht.

VII Die Beschlagnahme der in § 123 bezeichneten Gegenstände erfolgt auf Grund der Vorschriften der Strafprozeßordnung. Dabei sind die Ministerialerlasse vom 18. Dezember 1893 I 25 240. II 8589 (MBl. f. d. inn. Verw. 1894 S. 23) und vom 2. August 1894 I 17 469 zu beachten.

VIII Eine Übersicht über die Zuständigkeit der Behörden in Fischereiangelegenheiten enthält die Anlage 2.[1])

§ **133.** Außer den in Abs. 2 erwähnten Vorschriften sind auch als aufgehoben anzusehen:

I Die Bestimmungen des Ediktes für das Herzogtum Jülich-Cleve-Berg von 1554 über die Verwüstung der Fischereien.

II § 3 Abs. 2, 3 der Fischereiordnung für das Frische Haff vom 7. März 1845 (GS. S. 121).

III Die Fischereiordnung für die Provinz Posen vom 7. März 1845 (GS. S. 107).

IV Das Gesetz, betr. die Abänderung der Fischereiordnung für die in der Provinz Pommern belegenen Teile der Oder, das Haff und dessen Ausflüsse vom 2. Juli 1859, vom 30. März 1863 (GS. S. 125).

V Das Gesetz, betr. die Abänderung und Ergänzung einiger Bestimmungen der Fischereiordnung für den Regierungsbezirk Stralsund vom 30. August 1865, vom 22. April 1869 (GS. S. 649).

Berlin, den 16. März 1918.

Der Minister für Landwirtschaft, Domänen und Forsten.

von Eisenhart-Rothe.

---

1) Seite 31.

Anlage 1 zu a. **Muster.**

Abteilung D.

Fischereirechte.

Laufende Nummer der Eintragung	Das Recht unter näherer Angabe des Inhalts und der Beschränkungen sowie des Berechtigten	Die gegen das Recht erhobenen Widersprüche unter Angabe der Person des Widersprechenden und des Grundes des Widerspruchs		Berichtigungen, insbesondere Löschungen	
		Laufende Nummer der Eintragung	Eintragung	Laufende Nummer der Eintragung	
1	2	3	4	5	6

Anlage 1 zu b. **Muster.**

Bezirksausschuß ....

Wasserbuch (Fischereibuch)

für ....

Band I.*)

(Für den Teil von .... bis ....

(Die Wasserbuchführung für diesen Teil ist dem Bezirksausschuß in .... durch Erlaß der Herren Minister .... vom .... übertragen worden.)**)

*) Die Angabe des Bandes ist erforderlich, wenn das Gewässer die Bezirke mehrerer Wasserbuchbehörden berührt oder für einzelne Teile besondere Bände angelegt sind.

**) Dieser Zusatz ist erforderlich, wenn die Wasserbuchführung dem Bezirksausschuß in entsprechender Anwendung des § 183 Abs. 2 des Wassergesetzes für einen Teil des Gewässers, der in einem anderen Bezirke gelegen ist, übertragen worden ist.

Anlage 2.

Übersicht über die Zuständigkeit der Behörden in Fischereiangelegenheiten.

Fischereigesetz	Gegenstand	Zuständige Behörde	Rechtsmittel
1. § 3	Erklärung eines Gewässers zum geschlossenen und Beschlußfassung über Schadenersatzansprüche	Bezirksausschuß	Beschwerde an das Landeswasseramt binnen 2 Wochen (§ 122 FG.)
2. § 10, Abs. 4	Streitigkeiten über Fischereirechte bei Veränderungen von Wasserläufen	Bezirksausschuß	Beschwerde an das Landeswasseramt binnen 2 Wochen (§ 122 FG.) hinsichtlich der Entschädigung Rechtsweg binnen 3 Monaten
	vorläufige Regelung .	Oberfischmeister (Ausf. Anw. zu § 119 Nr. 1 zu a)	Beschwerde an die Aufsichtsbehörden
3. § 11, Abs. 1 in Verb. mit § 183 WG.	Anlegung und Führung des Wasserbuchs, auch für Gewässer, die keine Wasserläufe sind (Ausf. Anw. zu § 11)	Bezirksausschuß, endgültiger Beschluß mit Ausnahme der Fälle des § 186 Abs. 2, des § 188 Abs. 3 und des § 192 Abs. 3 WG. (§ 121 Abs. 1 Nr. 1 LVG.)	
§ 186, Abs. 2 WG.	Offenbar unbegründete Anträge auf Eintragung eines Fischereirechts ins Wasserbuch	Vorsitzender des Bezirksausschusses (Nach der Rechtsprechung des Landeswasseramts auch Kollegialbeschluß des Bezirksausschusses mit nachfolgender Beschwerde an das Landeswasseramt zulässig)	Antrag auf Beschlußfassung durch das Kollegium des Bezirksausschusses und gegen dessen Beschluß oder unmittelbar Beschwerde an das Landeswasseramt je binnen 2 Wochen
§ 188, Abs. 3 WG.	Offenbar unbegründete Widersprüche gegen die Eintragung eines Fischereirechts ins Wasserbuch	desgleichen	desgleichen
§ 192 WG.	Berichtigung des Wasserbuchs	Bezirksausschuß	Beschwerde an das Landeswasseramt binnen 2 Wochen
4. § 12, Abs. 2	Ausübung der Rechte mehrerer Fischereiberechtigter auf überfluteten Grundstücken	Kreis-(Stadt-)Ausschuß	Beschwerde an den Bezirksausschuß binnen 2 Wochen, endgültiger Beschluß (§ 121 Abs. 1, 2 LVG.)
Abs. 4	Zurücksetzung untermaßiger Fische von überfluteten Grundstücken ins Gewässer	Oberfischmeister (Ausf. Anw. zu § 119 Nr. 1 zu b)	Beschwerde an die Aufsichtsbehörden

	Fischereigesetz	Gegenstand	Zuständige Behörde	Rechtsmittel
5.	§ 13, Abs. 2, 5	Uferbetretungsrecht . . .	Kreis-(Stadt-)Ausschuß	Beschwerde an den Bezirksausschuß binnen 2 Wochen, endgültiger Beschluß (§ 121 Abs. 1, 2 LVG.)
6.	§ 15, Abs. 2	Schadenersatz wegen Fischens auf überfluteten Grundstücken und Uferbetretung		
		Anmeldung	bei hauptamtlichem Oberfischmeister, sonst der Ortspolizeibehörde, oder dem Gemeinde- (Guts-) Vorsteher binnen 1 Woche	
	§ 15, Abs. 3	Entscheidung . . .	hauptamtlicher Oberfischmeister, sonst Ortspolizeibehörde, dagegen Klage im Verwaltungsstreitverfahren beim Kreis-(Stadt-)Ausschuß binnen 2 Wochen	Berufung an den Bezirksausschuß (endgültige Entscheidung) binnen 2 Wochen (§ 85 LVG.)
7.	§ 23	Bestimmung über das Fischereirecht bei Teilung eines Grundstücks in gleiche Teile	Oberfischmeister (Ausf. Anw. zu § 119 Nr. 1 zu c)	Beschwerde an die Aufsichtsbehörden
8.	§ 27, Abs. 4	Beschränkung oder Aufhebung von eingeschränkten (§ 20) Fischereirechten	Bezirksausschuß	Beschwerde an das Landeswasseramt binnen 2 Wochen (§ 122 FG.) hinsichtlich der Entschädigung Rechtsweg binnen 3 Monaten
9.	§ 28, Abs. 2	Anzeige von der Ermächtigung zur Ausübung des Fischereirechts	Hauptamtlicher Oberfischmeister, sonst Ortspolizeibehörde	
10.	§ 29, Abs. 1	Ausnahmen von der Mindestpachtdauer	Kreis-(Stadt-)Ausschuß	Beschwerde an den Bezirksausschuß binnen 2 Wochen, endgültiger Beschluß (§ 121 Abs. 1, 2 LVG.)
	Abs. 2	Bestimmung einer Höchstzahl von Fischereipächtern für ein Gewässer	Bezirksausschuß (auf Antrag des Oberfischmeisters, Ausf. Anw. zu 119 Nr. 1 zu d)	Beschwerde an das Landeswasseramt binnen 2 Wochen (§ 122 FG.)
	Abs. 3	Verpachtung an Ausländer	Regierungspräsident	Beschwerde an den Minister für Landwirtschaft

Fischereigesetz	Gegenstand	Zuständige Behörde	Rechtsmittel
Abs. 4	Streitigkeiten über Gültigkeit der Pachtverträge nach § 29 Abs. 1 bis 3	a) in Landkreisen: Kreisausschuß im Verwaltungsstreitverfahren	Berufung an den Bezirksausschuß (§ 82 LVG.) und Revision an das Oberverwaltungsgericht (§ 93 LVG.), je binnen 2 Wochen (§§ 85, 95 LVG.)
		b) in Stadtkreisen: Bezirksausschuß im Verwaltungsstreitverfahren	Berufung an das Oberverwaltungsgericht (§ 83 LVG.) binnen 2 Wochen (§ 85 LVG.)
	vorläufige Regelung .	Oberfischmeister (Ausf. Anw. zu § 119 Nr. 1 zu e)	Beschwerde an die Aufsichtsbehörden
11. § 31, Abs. 2	Regelung der Koppelfischerei	Bezirksausschuß (auf Antrag des Oberfischmeisters — Ausf. Anw. zu § 119 Nr. 1 zu f — oder eines Beteiligten)	Beschwerde an das Landeswasseramt binnen 2 Wochen (§ 122 FG.)
12. § 33, Abs. 5, 6	Ausübung der Fischereirechte in Abzweigungen	Bezirksausschuß	desgleichen
13. § 34, Abs. 2	Ausübung der Fischereirechte in Häfen und Stichkanälen	Bezirksausschuß (§ 33 Abs. 5, 6 FG.)	desgleichen
Abs. 3	Ruhenlassen der Fischerei in Bewässerungs- oder Entwässerungsgräben oder in Altarmen	Kreis-(Stadt-)Ausschuß	Beschwerde an den Bezirksausschuß binnen 2 Wochen, endgültiger Beschluß (§ 121 Abs. 1, 2 LVG.)
14. § 35, Abs. 1	Vorübergehende Verhinderung des Fischwechsels in offenen Gewässern	Regierungspräsident	Beschwerde an den Minister für Landwirtschaft
15. § 45, Abs. 2, § 49	Aufsicht über die Genossenschaften	Landrat als Vorsitzender des Kreisausschusses, in Stadtkreisen, Ortspolizeibehörde	Beschwerde an den Regierungspräsidenten (endgültige Entscheidung)
16. § 46	Bestellung von Vorstandsmitgliedern einer Genossenschaft	desgleichen	desgleichen
17. § 47	Zwangsetatisierung gegenüber der Genossenschaft	Landrat als Vorsitzender des Kreisausschusses, in Stadtkreisen Ortspolizeibehörde; dagegen Klage im Verwaltungsstreitverfahren beim Bezirksausschuß binnen 2 Wochen	Berufung an das Oberverwaltungsgericht (§ 83 LVG.) binnen 2 Wochen (§ 85 LVG.)

Fischereigesetz		Gegenstand	Zuständige Behörde	Rechtsmittel
18.	§ 48	Genehmigung zur Veräußerung von Grundstücken und zur Aufnahme von Anleihen der Genossenschaft	Kreis-(Stadt-)Ausschuß	Beschwerde an den Bezirksausschuß binnen 2 Wochen, endgültiger Beschluß (§ 121 Abs. 1, 2 LVG.)
19.	§ 50	Herstellung von Genossenschaftsanlagen in Gewässern und auf Ufergrundstücken von Mitgliedern	Landrat als Vorsitzender des Kreisausschusses, in Stadtkreisen Ortspolizeibehörde	Beschwerde an den Regierungspräsidenten binnen 2 Wochen (endgültige Entscheidung)
20.	§ 51	Genehmigung zum Ein- und Austritte von Mitgliedern der Genossenschaft	Landrat als Vorsitzender des Kreisausschusses, in Stadtkreisen Ortspolizeibehörde	Beschwerde an den Regierungspräsidenten (endgültige Entscheidung)
21.	§ 52, Abs. 3	Streitigkeiten über die Aufnahme angrenzender Fischereiberechtigter in die Genossenschaft und über ihre Beteiligung an den bisherigen Aufwendungen	Kreis-(Stadt-)Ausschuß	Beschwerde an den Bezirksausschuß binnen 2 Wochen, endgültiger Beschluß (§ 121 Abs. 1, 2 LVG.)
22.	§ 55, Abs. 1, 3	Streitigkeiten über die Zugehörigkeit zur Genossenschaft	a) in Landkreisen: Kreisausschuß im Verwaltungsstreitverfahren	Berufung an den Bezirksausschuß (§ 82 LVG.) und Revision an das Oberverwaltungsgericht (§ 93 LVG.), je binnen 2 Wochen (§§ 85, 95 LVG.)
			b) in Stadtkreisen: Bezirksausschuß im Verwaltungsstreitverfahren	Berufung an das Oberverwaltungsgericht (§ 83 LVG.) binnen 2 Wochen (§ 85 LVG.)
	Abs. 2, 3	Heranziehung zu den Genossenschaftslasten und Verteilung der Nutzungen	Genossenschaftsvorstand; dagegen Einspruch binnen 4 Wochen und gegen dessen Zurückweisung binnen 2 Wochen Klage im Verwaltungsstreitverfahren: a) in Landkreisen beim Kreisausschuß, b) in Stadtkreisen beim Bezirksausschuß	desgleichen
23.	§ 57	Beschwerden über Anordnungen des Vorstandes und Androhung von Zwangsmitteln gegen Genossen	Landrat als Vorsitzender des Kreisausschusses, in Stadtkreisen Ortspolizeibehörde (Beschwerdefrist 2 Wochen)	Beschwerde an den Regierungspräsidenten und gegen dessen Bescheid Klage beim Oberverwaltungsgericht, je binnen 2 Wochen

Fischereigesetz		Gegenstand	Zuständige Behörde	Rechtsmittel
24.	§ 58	Bestimmung der Vollstreckungsbehörde im Verwaltungszwangsverfahren zur Beitreibung von Genossenschaftsbeiträgen	Landrat als Vorsitzender des Kreisausschusses, in Stadtkreisen Ortspolizeibehörde	Beschwerde an den Regierungspräsidenten (endgültige Entscheidung)
25.	§ 59, Abs. 2	Einberufung der Mitgliederversammlung einer Genossenschaft	Landrat als Vorsitzender des Kreisausschusses, in Stadtkreisen Ortspolizeibehörde	Beschwerde an den Regierungspräsidenten (endgültige Entscheidung)
26.	§ 60	Amtsentsetzung von Vorstandsmitgliedern der Genossenschaft	Landrat als Vorsitzender des Kreisausschusses, in Stadtkreisen Ortspolizeibehörde	Klage beim Oberverwaltungsgericht binnen 2 Wochen
27.	§§ 69, 70	Leitung d. Genossenschaftsbildungsverfahrens	Regierungspräsident	Beschwerde an den Minister für Landwirtschaft
28.	§ 71, Abs. 2	Beschlußfassung über den Wert von Fischereiberechtigungen bei Bildung einer Wirtschaftsgenossenschaft	Kreis-(Stadt-)Ausschuß	Beschwerde an den Bezirksausschuß binnen 2 Wochen, endgültiger Beschluß (§ 121 Abs. 1, 2 LVG.)
29.	§ 74	Berücksichtigung zweifelhafter Fischereirechte im Verfahren zur Genossenschaftsbildung	Kreis-(Stadt-)Ausschuß (endgültige Entscheidung)	
30.	§ 77, Abs. 1, 2	Ordnungsstrafen wegen Ungebühr bei Genossenschaftsverhandlungen	Verhandlungskommissar	Beschwerde an den Bezirksausschuß binnen 2 Wochen (endgültige Entscheidung)
	Abs. 2	Beschwerden über die Leitung des Verfahrens durch den Kommissar	Regierungspräsident (endgültige Entscheidung, Beschwerdefrist 2 Wochen)	
31.	§ 80, Abs. 1—4	Widersprüche gegen die Bildung von Genossenschaften und gegen den Beitrittszwang	Bezirksausschuß	Beschwerde an das Landeswasseramt binnen 2 Wochen (§ 122 FG.)
	Abs. 5	Genehmigung oder Erlaß der Satzung	Regierungspräsident (endgültige Entscheidung)	
32.	§ 83, Abs. 1	Genehmigung von Satzungsänderungen	desgleichen	
33.	§ 84	Auflösung der Genossenschaft	desgleichen	
34.	§ 86	Bildung gemeinschaftlicher Fischereibezirke	Bezirksausschuß (auf Antrag des Oberfischmeisters — Ausf. Anw. zu § 119 Nr. 1 zu g — oder eines Beteiligten)	Beschwerde an das Landeswasseramt binnen 2 Wochen (§ 122 FG.)

Fischereigesetz		Gegenstand	Zuständige Behörde	Rechtsmittel
35.	§ 87, Abs. 2	Übertragung der Verwaltung des gemeinschaftlichen Fischereibezirkes auf einen Fischereivorsteher	a) in Landkreisen: Kreisausschuß	Beschwerde an den Bezirksausschuß binnen 2 Wochen, endgültiger Beschluß (§ 121 Abs. 1, 2 LVG.)
	Abs. 2	Übertragung der Verwaltung des gemeinschaftlichen Fischereibezirkes auf einen Fischereivorsteher	b) in Stadtkreisen: Bezirksausschuß	Beschwerde an das Landeswasseramt binnen 2 Wochen (§ 122 FG.)
	Abs. 3	Aufsicht über die Fischerei in gemeinschaftlichen Fischereibezirken	Gemeindeaufsichtsbehörde	Beschwerde an die höhere Gemeindeaufsichtsbehörde
	Abs. 5	Festsetzung der Vergütung für die Verwaltung des gemeinschaftlichen Fischereibezirkes	a) in Landkreisen: Kreisausschuß	Beschwerde an den Bezirksausschuß binnen 2 Wochen, endgültiger Beschluß (§ 121 Abs. 1, 2 LVG.)
			b) in Stadtkreisen: Bezirksausschuß	Beschwerde an das Landeswasseramt binnen 2 Wochen (§ 122 FG.)
	Abs. 6	Beschwerden gegen den Plan zur Verteilung der Reinerträge und Umlegung der Zuschüsse in gemeinschaftlichen Fischereibezirken	Gemeinde- (Guts-) Vorsteher (Bürgermeister, Fischereivorsteher), dagegen binnen 2 Wochen Klage im Verwaltungsstreitverfahren:	
			a) in Landkreisen beim Kreisausschuß	Berufung an den Bezirksausschuß (§ 82 LVG.) und Revision an das Oberverwaltungsgericht (§ 93 LVG.), je binnen 2 Wochen (§§ 85, 95 LVG.)
			b) in Stadtkreisen beim Bezirksausschuß	Berufung an das Oberverwaltungsgericht (§ 83 LVG.) binnen 2 Wochen (§ 85 LVG.)
36.	§ 89	Bildung selbständiger Fischereibezirke	Bezirksausschuß (auf Antrag des Fischereiberechtigten)	Beschwerde an das Landeswasseramt binnen 2 Wochen (§ 122 FG.)
37.	§ 91	Überlassung der Ausübung von Fischereirechten an Inhaber benachbarter selbständiger Fischereibezirke	Bezirksausschuß (§ 33 Abs. 5 FG.)	Beschwerde an das Landeswasseramt binnen 2 Wochen (§ 122 FG.)

Fischereigesetz		Gegenstand	Zuständige Behörde	Rechtsmittel
38.	§ 93, 96	Ausstellung und Entziehung des Fischereischeins bei Inländern	Hauptamtlicher Oberfischmeister, sonst Ortspolizeibehörde, in deren Bezirk der Antragsteller den Fischfang ausüben will	Bei Versagung und Entziehung Rechtsmittel gegen polizeiliche Verfügungen der Kreis- oder Ortspolizeibehörden (§§ 127 bis 129 LVG., § 119 Abs. 5 FG.)
39.	§ 94	Ausstellung eines vorläufigen Vertretungsscheins	Gemeinde- (Guts-) Vorsteher	
40.	§ 97	Ausstellung des Fischereischeins für Ausländer	Regierungspräsident	Beschwerde an den Minister für Landwirtschaft
41.	§ 98, Abs. 5	Genehmigung zur Ausstellung von Erlaubnisscheinen für Ausländer	desgleichen	desgleichen
	Abs. 7	Beschränkungen bei Erteilung von Erlaubnisscheinen für offene Gewässer	desgleichen	desgleichen
	Abs. 8	Beglaubigung von Erlaubnisscheinen.	Gemeinde- (Guts-) Vorsteher	
42.	§ 100	Ausnahmen von dem Verbote der Verwendung schädlicher Stoffe beim Fischfang in offenen Gewässern	Regierungspräsident	Beschwerde an den Minister für Landwirtschaft
43.	§ 101	Herstellung und Unterhaltung von Schutzvorrichtungen bei Turbinen außerhalb eines Genehmigungsverfahrens nach der Reichsgewerbeordnung	Regierungspräsident	Beschwerde an den Minister für Landwirtschaft
44.	§ 102	Einrichtungen gegen nachteilige Wirkungen der Einleitung flüssiger Stoffe in ein Fischgewässer außerhalb eines Genehmigungsverfahrens nach der Reichsgewerbeordnung	Bezirksausschuß	Beschwerde an das Landeswasseramt binnen 2 Wochen (§ 122 FG.)
45.	§ 104	Ausgleichungsverfahren .	Bezirksausschuß (§§ 89, 64 WG.)	Beschwerde an das Landeswasseramt binnen 2 Wochen, hinsichtlich der Entschädigung Rechtsweg binnen 3 Monaten (§§ 89, 76 WG.)

	Fischereigesetz	Gegenstand	Zuständige Behörde	Rechtsmittel
46.	§ 107, Abs. 3	Ausnahmen vom Versendungs- und Marktverbote für untermaßige Fische	Regierungspräsident	Beschwerde an den Minister für Landwirtschaft
47.	§ 108	Ausnahmen von der Verpflichtung zur Beseitigung ständiger Fischereivorrichtungen in der Schonzeit	desgleichen	desgleichen
48.	§ 110, Abs. 1	Einrichtung von Schonbezirken	desgleichen	desgleichen
	Abs. 2	Aufhebung von Schonbezirken	Regierungspräsident mit Zustimmung des Ministers für Landwirtschaft	Beschwerde an den Minister für Landwirtschaft
49.	§§ 111, 112	Ausnahmen von den für Schonbezirke geltenden Beschränkungen	Regierungspräsident	Beschwerde an das Landeswasseramt binnen 2 Wochen (§ 122 FG.)
50.	§ 115, Abs. 3	Anlegung und Unterhaltung von Fischwegen außerhalb eines gesetzlich geordneten Verfahrens	Bezirksausschuß	Beschwerde an das Landeswasseramt binnen 2 Wochen (§ 122 FG.), hinsichtlich der Entschädigung Rechtsweg binnen 3 Monaten (§ 27 Abs. 4 FG.)
	Abs. 4	Enteignung von Grundstücken zur Anlegung eines Fischwegs	Bezirksausschuß (§ 27 Abs. 4 FG.)	Beschwerde an das Landeswasseramt binnen 2 Wochen (§ 122 FG.), hinsichtlich der Entschädigung Rechtsweg binnen 3 Monaten (§ 76 WG.)
51.	§ 116, Abs. 2, 3	Verpflichtung, die Anlegung und Unterhaltung eines Fischwegs in bestehenden Anlagen zu dulden	Bezirksausschuß	Beschwerde an das Landeswasseramt binnen 2 Wochen (§ 122 FG.)
52.	§ 117	Bestimmung der Zeiten für Offenhaltung der Fischwege	desgleichen	Beschwerde an den Minister für Landwirtschaft
53.	§ 118	Verbot des Fischfangs oberhalb und unterhalb geöffneter Fischwege und Ausnahmen davon	Regierungspräsident	Gegen polizeiliche Verfügungen Rechtsmittel wie gegen solche der Kreis- und Ortspolizeibehörden nach den §§ 127 bis 129 LVG.

Fischereigesetz	Gegenstand	Zuständige Behörde	Rechtsmittel
54. § 119	Fischereiaufsicht . . .	Oberfischmeister, Ortspolizeibehörde, Fischmeister, Fischereiaufseher	Beschwerde an die Aufsichtsbehörden
55. § 123	Untersuchung der Fanggeräte und Fischbehälter	desgleichen	
56. § 124	Polizeiverordnungsrecht	Minister für Landwirtschaft, Oberpräsident, Regierungspräsident	

Anhang enthaltend:

Abbildungen der durch Mindestmaß geschützten Fischarten (mit Ausnahme des Flußkrebses) (nach Benecke) in der Reihenfolge des § 1 FO. Zu den §§ 106, 107 FG.

(Von der Wiedergabe der Abbildungen wird abgesehen)

Abb. 1. Stör (Acipenser sturio L.). Mindestmaß 100, für die Küstengewässer der Nordsee in den Regierungsbezirken Lüneburg, Aurich, Stade, Schleswig 150 cm.

Abb. 2. Aal (Anguilla vulgaris Flemming) Mindestmaß 35, für die Küstengewässer der Nordsee in den Regierungsbezirken Lüneburg, Aurich, Stade, Schleswig 25 cm.

Abb. 3. Lachs (Salmo salar L.). Mindestmaß 35 cm.

Abb. 4. Meerforelle (Salmo trutta L.). Mindestmaß 35 cm.

Abb. 5. Zander (Lucioperca sandra Cuv.). Mindestmaß 35, für das Frische und Kurische Haff 28 cm.

Abb. 6. Barbe (Barbus fluviatilis Ag.). Mindestmaß 28 cm.

Abb. 7. Hecht (Esox lucius L.). Mindestmaß 28, im Regierungsbezirk Sigmaringen 30 cm.

Abb. 8. Maifisch (Clupea alosa L.). Mindestmaß 28, für die Küstengewässer der Nordsee in den Regierungsbezirken Stade und Schleswig und für das Frische Haff (Perpel) 20 cm.

Abb. 9. Nordseeschnäpel (Coregonus oxyrhynchus L.) Mindestmaß 28 cm.

Abb. 10. Blei, Brachsen (Abramis brama L.). Mindestmaß 25, für die Grenzgewässer mit den Thüringischen Staaten im Regierungsbezirk Merseburg 28 cm.

Abb. 11. Scholle (Pleuronectus platessa L.) Mindestmaß in der westlichen Ostsee; westlich der Linie Hyllekrog nach Staber Huk 22 cm, östlich dieser Linie bis zur Linie Gedser nach Arenshoop 21 cm, sonst, ausgenommen Scholle der Nordsee: 18 cm.

Abb. 12. Flunder (Pleuronectes flesus L.). Mindestmaß in der westlichen Ostsee: westlich der Linie Hyllekrog nach Staber Huk 22 cm, östlich dieser Linie bis zur Linie Gedser nach Arenshoop 21 cm, im Frischen Haff 15 cm, sonst: 18 cm.

Abb. 13. Äsche (Thymallus vulgaris Nilsson). Mindestmaß 20, im Regierungsbezirk Sigmaringen 25 cm.

Abb. 14. Aland (Leuciscus idus L.). Mindestmaß 20 cm.

Abb. 15. Döbel (Leuciscus cephalus L.). Mindestmaß 20 cm.

Abb. 16. Nase (Chondrostoma nasus L.). Mindestmaß 20 cm.

Abb. 17. Bachforelle (Salmo fario L.). Mindestmaß 18, im Regierungsbezirk Sigmaringen 20 cm.

Abb. 18. Schlei (Tinca vulgaris Cuv.). Mindestmaß 18, für die Grenzgewässer mit den thüringischen Staaten im Regierungsbezirk Merseburg sowie im Regierungsbezirk Sigmaringen 20 cm.

Abb. 19. Barsch (Perca fluviatilis L.). Mindestmaß in Binnenseen 13, sonst 15 cm.

Abb. 20. Plötze (Leuciscus rutilus L.). Mindestmaß in Binnenseen 13, sonst 15 cm.

Abb. 21. Rotfeder (Rotauge) (Scardinius erythrophthalmus L.) Mindestmaß in Binnenseen 13, sonst 15 cm.

Ministerialerlaß vom 16. März 1917.

Gesch.-Nr. IB IIb 916.

Fischereischein.

Durch § 92 des voraussichtlich am 15. April d. J. in Kraft tretenden Fischereigesetzes vom 11. Mai 1916 (GS. S. 55) ist als Neuheit gegenüber dem bisherigen Recht u. a. der „Fischereischein" eingeführt worden, den jeder, der den Fischfang ausübt, also auch der Fischereiberechtigte und Fischereipächter, braucht. Wegen der Ausnahmen verweise ich auf § 92 Abs. 2 a. a. O. Vorbehaltlich weiterer Regelung durch die Ausführungsbestimmungen zum Gesetz ist zu dem Fischereischein zu bemerken:

I. Zuständigkeit und Verfahren.

Zuständig für die Erteilung des Fischereischeins ist die Fischereibehörde, in deren Bezirke der Antragsteller den Fischfang ausüben will (§ 93). Erstreckt sich das Fischereigebiet über den Bezirk mehrerer Fischereibehörden, so steht es im Belieben des Antragstellers, bei welcher der in Betracht kommenden Fischereibehörden er den Schein beantragen will.

Fischereibehörden sind nach § 119 für die Küstengewässer die Oberfischmeister, für die Binnengewässer die Ortspolizeibehörden. Wegen des Fischereischeins für Ausländer wird auf Abschnitt IV dieses Erlasses verwiesen.

Die ausstellende Behörde hat vor der Ausfertigung des Scheins die materielle Befugnis des Antragstellers zur Ausübung des Fischfangs zu prüfen und nötigenfalls ihre Glaubhaftmachung zu verlangen. Das der Befugnis im Einzelfalle zugrunde liegende Rechts- oder Sachverhältnis (Fischereirecht, Fischereipacht, Erlaubnisschein, freier Fischfang) ist in dem Fischereischein zu vermerken. Gelingt die Glaubhaftmachung nicht, so kann der Schein versagt werden (§ 96 Abs. 1 Nr. 1).

Vielfach wird der Antragsteller in dem Bezirke, in dem er fischen will, nicht zugleich auch seinen Wohnsitz haben. In solchen Fällen ist die Fischereibehörde um so mehr verpflichtet, sich davon zu überzeugen, ob gegen den Antragsteller keinerlei Tatsachen vorliegen, die nach § 96 Abs. 1 Nr. 2 die Versagung des Fischereischeins bedingen oder rechtfertigen würden. Dies wird sich unschwer durch Erkundigungen bei der Ortspolizeibehörde des Wohnorts des Antragstellers feststellen lassen. Im übrigen kann es den für die Erteilung des Scheins zuständigen Behörden selbst überlassen bleiben, auf welche Weise sie sich Überzeugung davon verschaffen wollen, ob gegen den einen Fischereischein Nachsuchenden keiner der gesetzlichen Versagungsgründe vorliegt. Dabei wird besonders darauf hingewiesen, daß der Schein nur wegen solcher Straftaten versagt werden kann, die nach Inkrafttreten des neuen Fischereigesetzes begangen sind (§ 96 Abs. 2).

Für die Entziehung des Fischereischeins (§ 96 Abs. 3) ist die Fischereibehörde zuständig, die den Schein erteilt hat. In allen Fällen, in denen nicht die Fischereibehörde am Wohnsitz des Fischereischeininhabers den Fischereischein erteilt oder entzogen hat, ist letztere sowohl von der Erteilung als von der Entziehung jedes Fischereischeines in Kenntnis zu setzen.

II. Ausfertigung der Fischereischeine.

Hierzu sind Vordrucke nach dem in je einem Stücke beigefügten Muster:

a) für Reichsangehörige der blaue Schein,

b) für Ausländer der orangefarbige Schein

zu benutzen. Die Vordrucke werden von der Verlagsbuchhandlung Paul Parey in Berlin SW. 11, Hedemannstraße 10/11, vorrätig gehalten und zum Preise von 3,25 ℳ für 100 Stück ausschließlich Porto abgegeben. Damit die Einheitlichkeit des Musters des Fischereischeins für das ganze Staatsgebiet verbürgt wird, ist der Bedarf der ausstellenden Behörden ausschließlich bei der genannten Firma zu decken. Die jeweiligen Bestellungen müssen mindestens 100 Stück umfassen.

Damit die erstmalige Ausstellung der Scheine im Hinblick auf das nahe bevorstehende Inkrafttreten des Gesetzes keine Verzögerung erleidet, ersuche ich, die Fischereibehörden anzuweisen, den ersten mutmaßlichen Bedarf sofort von der genannten Firma zu beziehen.

Die Anschaffungskosten sind, soweit die Ortspolizeibehörden in Betracht kommen, als unmittelbare Polizeikosten von ihnen zu bestreiten. Die Oberfischmeister haben die Kosten der Vordrucke für die von ihnen auszustellenden Fischereischeine bis zu einer etwaigen weiteren Regelung aus ihrer Dienstaufwandsentschädigung zu decken.

Jeder Fischereischein muß neben der Unterschrift der ausstellenden Behörde deren Amtssiegel und die Nummer, unter der er in die Jahreskontrolliste (siehe (Abschnitt III) eingetragen wird, enthalten. Unter den Namen des die Behörde vertretenden Beamten wird zweckmäßig seine Amtsbezeichnung gesetzt.

Ausfertigungsgebühren dürfen für den Schein nach § 95 nicht erhoben werden; auch von Stempelabgaben ist er befreit.

Doppelausfertigungen sind in der Regel nur für abhanden gekommene, verbrannte und verlorene Stücke zu erteilen und mit dem ausdrücklichen Vermerk: „Doppelausfertigung" zu versehen.

Der Fischereischein muß in jedem Kalenderjahr erneuert werden (§ 93). Hierbei ist der abgelaufene Schein tunlichst einzuziehen und zu vernichten. War der frühere Schein in doppelter Ausfertigung ausgestellt, so sind, soweit angängig, beide Stücke einzuziehen und zu vernichten.

III. Kontrollisten.

Über sämtliche im Laufe des Kalenderjahrs ausgestellten Fischereischeine ist von den Fischereibehörden eine Kontrolliste zu führen. In diese Liste sind sämtliche Fischereischeine nach der Reihenfolge der Ausstellung unter laufender Nummer für jedes Kalenderjahr einzutragen.

Nach Schluß des Kalenderjahres haben die Fischereibehörden die Zahl der von ihnen ausgestellten Scheine dem Regierungspräsidenten (der Oberfischmeister in Altona dem Oberpräsidenten in Schleswig) mitzuteilen. Dieser hat die Zahlen für den ganzen Bezirk unter Aufführung der einzelnen Fischereibehörden in einer Nachweisung zusammenzustellen, sie hinsichtlich der von ihm selbst für Ausländer ausgestellten Fischereischeine zu ergänzen und mir die Nachweisung bis zum 1. März jeden Jahres vorzulegen.

IV. Fischereischeine für Ausländer.

Personen, die nicht die Reichsangehörigkeit besitzen, kann nur der Regierungspräsident, in dessen Bezirk der Nachsuchende den Fischfang ausüben will, einen Fischereischein ausstellen. Hierzu ist der eigens für Ausländer bestimmte Vordruck (siehe Abschnitt II Abs. 1) zu benutzen. Die Anschaffungskosten sind aus dem Geschäftsbedürfnisfonds zu bestreiten.

Nach § 97 kann der Regierungspräsident die Erteilung des Scheins von der Stellung eines Bürgen, der die preußische Staatsangehörigkeit besitzt und in Preußen seinen Wohnsitz hat, abhängig machen. Ob und wann von dieser Befugnis Gebrauch zu machen ist, bleibt der Entscheidung im Einzelfall überlassen. Wird die Stellung eines Bürgen verlangt, so ist Zuverlässigkeit und Sicherheit der hierzu angebotenen Person sorgfältig zu prüfen und, wenn diese Eigenschaften nicht einwandfrei erwiesen sind, der Fischereischein zu verweigern. Im Falle der Erteilung des Scheins sind Name, Stand und Wohnort des Bürgen auf dem Scheine zu vermerken.

Militärische Verbote oder Beschränkungen der Fischerei für Ausländer während des Krieges werden durch vorstehende Bestimmungen nicht berührt.

Nachschlage-Verzeichnis zum Nachtrag.

(Die Zahlen bedeuten die Seiten des Nachtrags.)

FSC®
www.fsc.org
MIX
Papier | Fördert
gute Waldnutzung
FSC® C083411

Kolibri 360 GmbH
Ferdinand-Jühlke-Straße 7
99095 Erfurt, Deutschland
produktsicherheit@kolibri360.de